Rajdeep Singh
Chandan Deep Singh
Harleen Kaur

Impacto do Six Sigma e da SCM no desempenho das MPME

Rajdeep Singh
Chandan Deep Singh
Harleen Kaur

Impacto do Six Sigma e da SCM no desempenho das MPME

ScienciaScripts

Imprint

Cover image: www.ingimage.com

This book is a translation from the original published under ISBN 978-613-4-90546-6.

Publisher:
Sciencia Scripts
is a trademark of
Dodo Books Indian Ocean Ltd. and OmniScriptum S.R.L publishing group

120 High Road, East Finchley, London, N2 9ED, United Kingdom
Str. Armeneasca 28/1, office 1, Chisinau MD-2012, Republic of Moldova, Europe
Printed at: see last page
ISBN: 978-620-8-09119-4

ÍNDICE

CAPÍTULO 1: INTRODUÇÃO

1.1 Visão geral

Seis sigma é um conjunto de técnicas e ferramentas para a melhoria de processos. Foi introduzido em 1986 pelo engenheiro Bill Smith enquanto trabalhava na Motorola. Jack Welch criou-o no centro do seu esquema empresarial na General Electric em 1995. Atualmente, é utilizado em vários sectores do comércio.

O Seis Sigma tem como objetivo melhorar o nível dos resultados de um processo, identificando os defeitos, eliminando as causas dos defeitos e minimizando a variabilidade dos processos de produção e comércio. Utiliza um conjunto de estratégias de gestão da qualidade, principalmente empíricas, aplicadas de forma matemática, e cria um tipo especial de infraestrutura de pessoas dentro da indústria, que são especialistas nestes métodos. Cada projeto Seis Sigma realizado numa empresa segue uma sequência pré-determinada de passos e tem objectivos de preço específicos, por exemplo: reduzir o tempo de ciclo do processo, reduzir a poluição, reduzir os preços, aumentar a satisfação do cliente e aumentar os lucros. O principal objetivo de qualquer empresa é gerar lucro. Para aumentar o lucro, o preço de venda deve aumentar e/ou o valor de produção deve baixar. Uma vez que o valor é decidido pela concorrência no mercado, a única forma de aumentar o lucro é reduzir o preço de produção, o que só pode ser conseguido através da melhoria contínua das operações da empresa. Os programas de qualidade Six Sigma oferecem um quadro geral para a melhoria contínua do processo de uma empresa. O Six Sigma utiliza factos, informações e causas para resolver problemas.

1.2 História do Six Sigma

Aqui estamos a discutir uma breve história do Seis Sigma e o nome Seis Sigma. Além disso, comentários

Recebi sobre o Seis Sigma contém aspectos da história do Seis Sigma.

Desde a década de 1920 que os matemáticos e engenheiros utilizam a palavra "sigma" como emblema de uma unidade de medida da variação da qualidade dos produtos. (Note-se que é sigma com um 's' minúsculo, porque neste contexto sigma pode ser uma unidade de medida genérica).

Em meados da década de 1980, os engenheiros da Motorola Inc, nos EUA, utilizaram "Six Sigma" como nome informal para uma iniciativa interna de redução de defeitos nos processos de produção, porque descrevia um nível de qualidade adequadamente elevado. (Note-se aqui que é sigma com um "S" enorme, uma vez que, neste contexto, Seis Sigma pode ser um nome "de marca" para a iniciativa da Motorola).

(Certos engenheiros - há várias opiniões sobre se a inicial terrível era ou não Bill Smith ou Mikal Harry - consideraram que medir os defeitos em termos de milhares era um lugar comum insuficientemente rigoroso e, ao concluírem isso, multiplicaram essa escala de medição para partes por milhão, o que significa "defeitos por milhão", que rapidamente utilizaram a linguagem "seis sigma" e adoptaram o nome Six Sigma, dado que se considerava que seis sigma equivalia a 3,4 componentes - ou defeitos - por milhão).

No final da década de 1980, o Seis Sigma foi para o sucesso e a Motorola alargou os métodos Seis Sigma aos seus processos empresariais necessários e, desta forma, o Seis Sigma tornou-se um nome formalizado de "marca" para uma metodologia de melhoria do desempenho, ou seja, para além da estrita "redução de defeitos", na Motorola Inc.

Em 1991, a Motorola certificou os seus primeiros especialistas em Six Sigma "Black Belt", o que indica o início da formalização do treino licenciado das estratégias Six Sigma.

Também em 1991, a Allied Signal (uma grande empresa de astronáutica que se integrou na Honeywell em 1999) adoptou os métodos Seis Sigma e afirmou que tinha conseguido melhorias significativas e poupanças de preços em seis meses. Ao que parece, o novo diretor executivo da Allied Signal, Lawrence Bossidy, teve conhecimento do trabalho da Motorola com o Seis Sigma e, por conseguinte, contactou o diretor executivo da Motorola, Bob Galvin, para saber como poderia ser utilizado na Allied Signal.

Em 1995, o diretor executivo da General Electric, Jack Welch (Welch conhecia Bossidy desde que

Bossidy trabalhara para Welch na GE, e Welch ficou impressionado com os resultados de Bossidy na exploração do Seis Sigma), decidiu implementar o Seis Sigma na GE e, em 1998, a GE afirmou que o Seis Sigma tinha gerado mais de três quartos de mil milhões de dólares em poupanças de preços. (Fonte: O livro de George Eckes, The Six Sigma Revolution).

Em meados da década de 1990, o Seis Sigma tinha-se desenvolvido amplamente, tornando-se uma metodologia de gestão de empresas "de marca" transferível, nomeadamente na General Electric e em diferentes empresas produtoras de grande dimensão, mas era também muito útil em organizações fora do sector da produção.

No ano 2000, o método Seis Sigma estava efetivamente implantado em todo o mundo, tendo-se estabelecido como uma empresa de direito próprio. Neste método, a formação e a consultoria estão envolvidas e a implementação da metodologia Seis Sigma em todos os tipos de organizações também está envolvida em todo o mundo.

Ou seja, em pouco mais de 10 anos, o Seis Sigma tornou-se rapidamente não só uma metodologia muito utilizada por várias empresas para a melhoria da qualidade e dos métodos, como também se tornou o tema dos muitos e variados produtos e serviços de treino e prática que desenvolveram terrivelmente muitas organizações de apoio ao Seis Sigma.

Para além das iniciativas anteriores de melhoria da qualidade, as caraterísticas definidas pelo Seis Sigma são as seguintes

- Um claro enfoque na obtenção de retornos monetários mensuráveis e quantificáveis de qualquer projeto Six Sigma.

- Uma maior ênfase na liderança e no apoio de uma gestão sólida e eficaz.

Um compromisso claro de tomar decisões com base em informações verificáveis e estratégias matemáticas aplicadas, em vez de suposições e adivinhações

1.3 Metodologias

1. DMAIC

2. DMADV

METODOLOGIAS: DMAIC vs. DMADV

O Six Sigma utiliza dois conjuntos de metodologias completamente diferentes, o DMAIC e o DMADV, como lentes para examinar e melhorar os processos empresariais de qualquer empresa ou indústria. O DMAIC e o DMADV são dois processos diferentes orientados para a visualização de sectores completamente diferentes de uma empresa ao mesmo tempo, mas abordando-os individualmente. Apesar das distinções e diferenças únicas, as metodologias sobrepõem-se durante o método de análise e partilham o resultado, ou seja, o mesmo objetivo final - a melhoria dos processos empresariais. Os objectivos das duas metodologias são os mesmos.

Cada metodologia tem o seu próprio conjunto de indicadores e objectivos orientados para o aumento dos processos empresariais através da utilização de ferramentas de recolha de conhecimentos e de matemática aplicada. Embora as metodologias tenham sido concebidas para resolver problemas constantes, existem variações notáveis entre as duas que devem ser consideradas por profissionais em funções de liderança ou em ambientes empresariais com uma boa variedade de configurações de estrutura.

DMAIC

O conjunto de metodologias Seis Sigma mais aplicável ao aspeto de produção de um produto ou serviço, o DMAIC inclui as seguintes fases de projeto pelas quais passa cada produto: - Definir -

abordar o reconhecimento dos processos específicos a serem examinados

- Medir - registar os conhecimentos e utilizar métricas para acompanhar a eficácia e avaliar as eficiências

- Analisar - utilizar competências de pensamento crítico para rever conhecimentos e clarificar objectivos

- Melhorar - criar alterações nos processos empresariais interligados com vista à melhoria e a um maior alinhamento com os objectivos da empresa

- Controlo - criar um sistema de verificações e alterações para a melhoria contínua dos processos de produção de uma empresa ou sociedade.

DMADV

O conjunto complementar de processos Seis Sigma que é mais aplicável ao exame e aumento da faceta das relações com os clientes de uma organização, o DMADV inclui estas fases do projeto:

- Definir - abordar os desejos do cliente em relação a um produto ou serviço

- Medição - envolve a utilização de um conjunto de conhecimentos electrónicos para medir os desejos dos clientes, a resposta ao produto ou a avaliação dos serviços

- Analisar - utilizar métricas para avaliar as áreas em que o produto ou serviço pode estar mais alinhado com os objectivos e desejos do cliente

- Conceção - sobrepor a melhoria dos processos empresariais que contornam os objectivos da empresa para melhor satisfazer os desejos dos consumidores e dos clientes

• Verificar - Nesta fase, constrói-se um sistema de modelos e testes que ajuda a verificar as especificações do cliente e a empresa pretende satisfazer essas necessidades.

Para os profissionais interessados em saber mais sobre como estas poderosas metodologias funcionam numa série de contextos empresariais ou como podem criar um efeito para a sua empresa, considere seguir uma formação adicional no domínio do Seis Sigma. Embora cada conjunto de metodologias Seis Sigma trabalhe em conjunto.

Para atingir um conjunto específico de objectivos estruturais e monetários que forneçam bons serviços, os profissionais interessados num conjunto de metodologias destes dois, em detrimento do oposto, podem aumentar as suas competências através de um programa de certificação on-line honroso.

À medida que o Seis Sigma continua a evoluir e a abordar os problemas e objectivos empresariais do século XXI, os profissionais que demonstram um vasto domínio destas práticas podem obter várias oportunidades aplicáveis num grande número de contextos comerciais. Através de cursos online ministrados por líderes do sector, os profissionais e as empresas podem obter soluções empresariais sensatas e certificação como green belt, black belt e master black belt em Seis Sigma.

1.4 Funções de implementação do Six Sigma:-

A metodologia seis sigma está repleta de várias funções. No que diz respeito às funções de implementação do Seis Sigma, a maioria dos especialistas em Lean concorda que as seguintes funções devem ser incluídas na equipa de implementação. É claro que não existem regras universais que regulem a sua estrutura de implementação do Seis Sigma, pelo que a criação de alterações a estas funções prescritas é da responsabilidade das organizações ou empresas individuais, que podem alterá-las de acordo com as suas necessidades e os seus desejos distintos.

1.4.1 Liderança executiva

Aqueles que assumem o papel de liderança executiva são normalmente os executivos de alto nível que detêm a primeira responsabilidade de ver a implementação de seis sigma do início ao fim (terminando quando um objetivo é atingido). Aqueles que desempenham o papel de liderança executiva também são responsáveis pela escolha dos membros do projeto e, por conseguinte, pela delegação de responsabilidades a esses membros da equipa. Os líderes executivos devem estar comprometidos com a visão do Seis Sigma, de modo a encorajar os membros da equipa de implementação. Sem a dedicação necessária para levar a bom termo o método de implementação do Seis Sigma, pode ser fácil desanimar e pensar em abandonar o método. Além disso, os líderes executivos devem ter em conta que pode haver alturas em que devem dar um passo atrás e permitir que os membros da equipa se libertem de acordo com os seus conhecimentos e com as suas próprias ideias. Isto inclui disponibilizar-lhes recursos na esperança de que estes investimentos possam causar melhorias dignas.

1.4.2 Campeões

Aqueles que assumem o papel de Campeão são geralmente membros da alta administração. Os campeões são os principais responsáveis pela boa implementação do Seis Sigma na organização, com vista à obtenção de bons resultados. O Campeão é tipicamente escolhido a dedo por aqueles que assumem o papel de liderança executiva. É da responsabilidade do Campeão compreender os princípios Seis Sigma. O Campeão deve atuar como guia para a sua equipa de implementação, servindo de mentor e assistente. Os Campeões são normalmente os primeiros a receber formação formal ou são contratados antes dos outros membros da equipa de implementação, uma vez que já foram certificados como Campeões. Os Campeões são responsáveis não só por transmitir os problemas mais prementes da organização a um peso leve, mas também por apresentar ideias para projectos que causem a melhoria desses problemas.

Os campeões também trabalham para resolver problemas interfuncionais que possam dificultar o fluxo de informação|do conhecimento} e, por conseguinte, a aquisição das ferramentas adequadas necessárias para avançar com a obtenção e medição de dados e, em última análise, instigar mudanças. Os Campeões também actuam como mentores dos Cintos Negros, as funções seguintes que são assumidas no âmbito do método de implementação seis sigma.

1.4.3 Mestre Cinturão Negro

Os Master Black Belts são as pessoas escolhidas pelos Campeões para orientar os outros membros do grupo que operam na organização para a implementação das metodologias Seis Sigma. Este método de formação inclui a orientação daqueles que assumem funções inferiores (funções de cinto preto e verde) dentro do grupo. Em última análise, os Master Black Belts são responsáveis pela entrega dos resultados dos projectos que estão a ser conduzidos. Eles devem realizar várias tarefas de matemática aplicada para garantir a aplicação consistente do Seis Sigma em toda a organização. Um Master Black Belt deve ter fortes capacidades de liderança. É ideal quando o indivíduo que assume o papel de Master Black Belt é bem respeitado dentro da organização. Este respeito é vantajoso para o Master Black Belt, pois ele deve estar preparado para influenciar as selecções.

Aos Master Black Belts é confiada a responsabilidade não só de manter a dinâmica de uma implementação Seis Sigma, mas também de manter os preços baixos e o objetivo principal dos esforços do grupo no cliente durante todo o método de implementação. A posição de Master Black Belt é normalmente uma posição temporária que é necessária de tempos a tempos, à medida que novos projectos se apresentam. Por conseguinte, uma empresa alugará um Master Black Belt para um projeto específico ou preferirá formar um com certificação Master Black Belt para assumir conjuntamente diferentes responsabilidades profissionais dentro da organização, uma vez que as suas competências específicas em seis sigma não são necessárias.

1.4.4 Cintos pretos

Os Black Belts são normalmente membros da gestão intermédia que são os principais responsáveis pela execução do plano de ação seis sigma. Os Black Belts são geralmente muito mais orientados tecnicamente do que as diferentes funções dentro do método de implementação. A sua função é criar, facilitar, formar e liderar equipas, com uma abordagem analítica. Enquanto as diferentes funções mencionadas anteriormente envolvem o foco do funcionário na identificação de projectos para o 6 sigma, o papel de um Black Belt é utilizar ferramentas estatísticas para liderar diferentes membros da equipa e garantir resultados prósperos.

Um Black Belt terá normalmente cerca de 4-5 semanas de formação especializada a tempo inteiro em formas e ferramentas estatísticas. Uma vez formado, um Black Belt a tempo inteiro pode normalmente passar 2-3 anos a trabalhar como o responsável pela execução do Six Sigma. É, então, tipicamente mais vantajoso para esse indivíduo vir a ser, independentemente da sua tarefa original dentro da organização. Este raciocínio baseia-se no facto de que, ao ter trabalhado intimamente com a mentalidade Seis Sigma durante muitos anos, este funcionário irá então reaplicar as lições aprendidas nas operações diárias. Isto leva a um reajustamento constante, que se alinha absolutamente com o objetivo de implementar a mentalidade seis sigma em primeiro lugar.

1.4.5 Cinturões verdes

Os Green Belts são responsáveis por servir os Black Belts na execução de projectos, ao mesmo tempo que progridem para as suas próprias responsabilidades profissionais específicas. Os Green Belts têm normalmente responsabilidades a tempo parcial no que diz respeito ao seu envolvimento na implementação do Six Sigma. Os Green Belts devem receber instrução formal para se certificarem, mas o tempo dedicado a esta instrução é consideravelmente inferior ao das funções de implementação anteriormente mencionadas. É da responsabilidade dos Green Belts incluir as ferramentas e a linguagem da qualidade seis sigma nas suas operações diárias.

1.4.6 Cintos amarelos

Os cintos amarelos representam todos os outros membros da equipa de implementação do Seis Sigma (e, em alguns casos, de toda a organização). Os Yellow Belts fazem normalmente parte de uma iniciativa de toda a empresa para implementar o Seis Sigma, no entanto, estas pessoas não receberam normalmente qualquer formação formal em Seis Sigma, nem se espera que desempenhem papéis activos em projectos de melhoria da qualidade. Embora os Yellow Belts não sejam informados sobre os pontos principais do projeto, ajudam os Belts inexperientes a atingir as metas e objectivos do projeto, como diretores e pessoal de operações.

1.4.7 Outras funções de execução

Para além das funções de implementação no âmbito do Seis Sigma que foram simplesmente representadas, existem muitas funções que serão assumidas e que ajudam no método de implementação. Aqui estão apenas alguns exemplos de outras funções de implementação que existem:

1.4.7.1 Analista financeiro - Um analista pode ser um consultor externo cujos serviços são solicitados para o exame objetivo dos resultados do projeto. Um analista financeiro pode, normalmente, até ter formação Green Belt.

1.4.7.2 Consultor externo - um consultor externo é contratado para facilitar o método de implementação, fornecendo vários níveis de formação necessários. O trabalho do consultor é garantir que as ferramentas de formação corretas estão no local, de modo a evitar falhas nas primeiras fases dos esforços de implementação. Os consultores também facilitarão a personalização da abordagem da organização ao 6 sigma após a adoção de alguns dos princípios básicos adicionais.

Peritos - Nos principais sectores de engenharia ou produção, um "perito" é contratado para melhorar os serviços, produtos e processos globais para os seus clientes.

Patrocinador - Um patrocinador é um executivo sénior que patrocina a implementação do Seis Sigma.

Líder - O nome "Líder" indica claramente que se trata de uma palavra utilizada para designar o executivo de nível superior responsável pela implementação do Seis Sigma em qualquer indústria ou empresa, sendo o principal membro da equipa.

Membro da equipa - O termo "membro da equipa" significa o membro de qualquer grupo, podendo esta palavra ser utilizada para descrever o papel do trabalhador qualificado ou da organização que tem uma consciência geral do que é o Seis Sigma e que pode contribuir com conhecimentos relevantes para um projeto específico, mas que não tem essencialmente formação formal em nenhuma das funções de implementação do Seis Sigma.

Proprietário do processo - Este indivíduo é o "proprietário" de todo o trabalho num determinado processo dos principais projectos sob a alçada do proprietário do processo. É a principal pessoa que cuida de todos os departamentos desse processo.

1.5 Aplicações de Six Sigma :-

O Seis Sigma é largamente aplicado em organizações gigantescas. Um fator necessário para a disseminação do Seis Sigma foi o anúncio feito pela GE em 1998 de que, com a implementação do processo Seis Sigma, a sua empresa poupou 350 milhões de dólares e, nos anos seguintes, este valor aumentou para mais de mil milhões de dólares.

De acordo com os consultores do sector destas técnicas, como Thomas Pyzdek e John Kullmann, as empresas com menos de quinhentos trabalhadores são menos adequadas para a aplicação do Seis Sigma ou devem adaptar a abordagem da qualidade para que esta lhes seja útil.

Seis Sigma, mas contém uma enorme variedade de ferramentas e técnicas que funcionam bem em organizações de pequena e média dimensão.

O facto de uma empresa não ser suficientemente grande para estar preparada para pagar Black Belts não diminui o seu talento para criar melhorias utilizando as ferramentas e técnicas Six Sigma.

A infraestrutura descrita como necessária para apoiar o Seis Sigma é um resultado das dimensões da organização e não uma exigência do próprio Seis Sigma.

1.6 Introdução ao SCM

A SCM (Supply Chain Management) integra tópicos dos diferentes processos e operações de fabrico, compras, transporte e distribuição física num único programa. Em seguida, a SCM coordena e integra todas estas actividades num único processo. Estabelece a ligação entre todos os parceiros da cadeia.

Em qualquer organização ou indústria, a cadeia de abastecimento refere-se a uma vasta gama de áreas funcionais. Nestas, o transporte de entrada e saída, o armazenamento e o controlo de inventário.

Em termos simples, a cadeia de abastecimento engloba todas as actividades associadas à movimentação de bens desde a fase de matérias-primas até ao utilizador final.

O papel importante da gestão da cadeia de abastecimento para fornecer bens aos respectivos locais onde são necessários...

As seguintes actividades fazem parte da gestão da cadeia de abastecimento da empresa.

1. Gestão do inventário.
2. Aquisição de serviços de transporte.
3. Manuseamento de materiais.
4. Transporte de entrada.
5. Gestão de armazéns.

A gestão da cadeia de abastecimento terá um futuro muito prometedor. As duas principais tendências que se seguem estão a beneficiar as operações de gestão da cadeia de abastecimento.

1. Foco no serviço ao cliente.
2. Tecnologias da informação.

1.7 Objectivos :-

1. Reduzir o fundo de maneio da empresa ou organização.
2. Tomar corretamente os bens do balanço.
3. Aumento das rotações das existências da empresa.
4. Acelerar os ciclos de caixa a caixa.

1.8 Princípios de SCM :-

Anderson consultou sete princípios, que são os seguintes:-

1. Segmentar o cliente com base nas necessidades de serviço.
2. Personalizar de acordo com os recursos da rede de gestão da cadeia de abastecimento.

3. Ouvir os sinais de procura do mercado e planear em conformidade.

4. Diferenciar o produto mais próximo do cliente.

5. Fontes utilizadas para o fornecimento gerido de forma estratégica.

6. Desenvolver uma estratégia tecnológica para toda a cadeia de abastecimento.

7. Adotar medidas de desempenho que abranjam todo o canal.

1.9 Procedimento de aplicação: -

1. Conceção :- Uma primeira conceção da estrutura técnica a longo prazo.

2. Reengenharia dos processos da cadeia de abastecimento para racionalizar os produtos, a informação e o fluxo de fundos a nível externo e interno.

1.9.1 Abordagem flexível :- Nesta abordagem, há três etapas que são as seguintes:

- Análise estratégica
- Especificação
- Implementação

- **Análise estratégica :-** Neste caso, o estudo das necessidades actuais e futuras da empresa e o desenvolvimento de soluções para responder a essas necessidades.

Este processo envolve os modelos feitos por completo para obter uma compreensão completa das principais questões e para examinar as alternativas práticas.

Esta abordagem permite

1) Confiança na solução recomendada.

2) Identifica um caminho claro a seguir.

- **Especificação** :- Esta etapa dá uma ênfase lógica correta a cada aspeto da solução. Fornece uma especificação direta das propostas, minimizando o risco de custos imprevistos.

- **Implementação:**- Esta é a última etapa. Nesta etapa, todas as actividades e pré-resultados são implementados para obter resultados positivos.

Para alcançar um desempenho superior, existem cinco dimensões-chave da gestão da cadeia de abastecimento.

- **Estratégia**: O alinhamento das estratégias da cadeia de abastecimento com as dimensões empresariais globais. Os principais pontos de decisão para os gestores são os seguintes.

a. O que é necessário para alinhar a cadeia de abastecimento com a estratégia empresarial.

b. Quais os tipos de canais de distribuição que melhor respondem aos nossos objectivos e às necessidades dos clientes.

- **Infraestrutura**: - A infraestrutura afecta o desempenho da empresa ou organização em termos de custos e serviços e estabelece os limites de funcionamento da cadeia de abastecimento para um bom desempenho.

- **Processo**: - O desejo de alcançar a excelência funcional e a integração em todos os principais processos. Os gestores devem perguntar-se o seguinte:

- Quais são os principais processos da cadeia de abastecimento que impulsionam a atividade.

- Como é que podemos criar ligações com os nossos fornecedores e clientes?

- **Organização** :- Fornecer os factores artificiais de sucesso de coesão, harmonia e integração entre as entidades da organização. As questões a considerar incluem:

- Para gerir eficazmente os processos COH. Decide que nível de integração interfuncional é necessário para obter bons resultados.

- Que estrutura de medição do desempenho e de elaboração de relatórios nos pode ajudar a atingir os nossos objectivos.

- **Tecnologia :-** A tecnologia dá à cadeia de abastecimento o poder de operar a um novo nível de desempenho e está a criar novas ideias para as empresas capazes de a aproveitar. As empresas devem abordar os seguintes pontos importantes.

- Que dados são necessários para gerir os principais processos empresariais.

- Como podemos tirar partido das comunicações avançadas da gestão da cadeia de abastecimento.

- Como podemos tirar partido de uma maior visibilidade da procura dos clientes e de outros parâmetros operacionais fundamentais.

1.9.2 Software: - Algumas empresas contentam-se com os sistemas de recolha de dados e de comunicação, mas outras recorrem à terceira categoria de tecnologia da cadeia de abastecimento, que é o software empresarial.

Os sistemas de gestão de armazéns (WMS), que passaram a controlar a utilização da mão de obra e do equipamento num centro de distribuição.

Em meados da década de 1970, este tipo de software surgiu nos Estados Unidos.

Mais um software de gestão de transportes (TMS) utilizado na gestão da cadeia de abastecimento. Este tipo de software ajuda no planeamento dos transportes. Como é que as mercadorias são transportadas de um local para outro.

Outro tipo de software - a integração de aplicações empresariais (EAI) - surgiu para permitir que as empresas com diferentes sistemas informáticos liguem os seus sistemas para partilharem algumas informações.

1.10 Aplicações de SCM :-

Onde é que a técnica tem sido aplicada: - Onde queremos melhorar os processos de fabrico e permitir a produção de lotes de uma só unidade. Esta técnica é aplicada desde o nível de raiz da organização até ao nível superior de gestão.

- Como é que esta técnica SCM pode ser aplicada a qualquer organização :-

O mais importante para aplicar esta técnica é começar por reconhecer e compreender as necessidades do cliente.

Todas as empresas pretendem melhorar a sua posição na concorrência, reduzindo o custo do ciclo de encomenda-entrega e atingindo um determinado objetivo.

De acordo com a filosofia da gestão da cadeia de abastecimento, a procura do cliente é o evento necessário para satisfazer as exigências do cliente, até aos fornecedores de matérias-primas no início do processo de produção. Uma vez que os dados corretos estejam disponíveis, as empresas podem fazer com que os seus processos da cadeia de abastecimento forneçam o que é realmente necessário ao cliente.

1.11 CONCLUSÃO:

O termo "sigma" é utilizado para designar a distribuição ou a dispersão relativamente à média de qualquer método.

Sigma mede a capacidade do método para efetuar um trabalho sem defeitos. Um defeito é qualquer coisa que resulte em descontentamento do cliente. Para um processo empresarial, o preço sigma é uma métrica que indica o desempenho do método. Um nível sigma mais elevado indica uma menor probabilidade de defeitos de fabrico e, consequentemente, um melhor desempenho.

Seis sigma é um padrão de desempenho para alcançar a excelência operacional. Com seis sigma, o índice de medição comum é "defeitos por unidade", sempre que uma unidade seja quase qualquer coisa - um elemento, uma peça de material, um tipo administrativo, etc.

Conceptualmente, seis sigma é definido como a obtenção de um nível de defeitos de 3,4 ppm ou superior. A abordagem Seis Sigma visa a melhoria contínua e positiva de todos os métodos de trabalho da organização. Esta abordagem baseia-se na convicção de que a qualidade é gratuita, na medida em que quanto mais trabalharmos no sentido de uma produção com zero defeitos, maior será o retorno do investimento. As vantagens das abordagens Seis Sigma são a redução do número de defeitos e, deste modo, a diminuição das rejeições de produtos, a redução do tempo de ciclo, do trabalho em curso, etc., e o aumento da qualidade e fiabilidade dos produtos, da satisfação dos clientes, da produtividade, etc., conduzindo, em última análise, a excelentes resultados comerciais.

CAPÍTULO 2: REVISÃO DA LITERATURA

1 .) AlexandraTenera trabalhou no modelo de melhoria da gestão de projectos lean six-sigma. Acedeu ao facto de que quando qualquer organização ou empresa passa por uma crise económica, então cada organização e cada empresa procura esse tipo de soluções que ultrapassem os problemas de custos e proporcionem vantagens competitivas. Para este tipo de situação, todas as empresas procuram as metodologias de gestão que lhes permitam melhorar as caraterísticas dos seus produtos e serviços, melhorar a rentabilidade do capital e a satisfação do cliente. Neste artigo, o autor propõe um projeto de melhoria da gestão Lean Six-Sigma. Utilizou o ciclo DHAU para identificar os problemas do projeto da empresa. Este modelo fornece informações para abordar as actividades e as soluções a implementar a fim de manter a melhoria contínua nesta organização. Este modelo que utilizaram aumenta os resultados de produção da organização com as mesmas fontes de organização ou empresa.

2 .) Ali Erdogan et al trabalharam sobre as áreas de utilização do six-sigma no mundo atual. Quando tudo neste mundo está a andar depressa, todas as empresas querem maximizar o seu lucro com um investimento mínimo e querem satisfazer o cliente com os seus serviços. Esta abordagem aceita o cliente como ponto focal ou ponto principal. A abordagem Seis-Sigma é uma abordagem orientada para o cliente. O objetivo da abordagem Seis-Sigma é atingir um nível perfeito. Um nível perfeito significa atualizar uma taxa de erro de 3,4 num milhão de produções de qualquer tipo de produto. A principal função do six-sigma é minimizar as variáveis do processo de produção. É uma técnica de otimização que visa otimizar tanto o desempenho como as competências de gestão. O principal objetivo do six-sigma é otimizar os erros e atualizar um nível de qualidade. Consiste em reduzir os custos e aumentar a satisfação do cliente.

3 .) Ang Boon Sin et al afirmaram que a forma como o Six-Sigma ajuda a modelar a equação estrutural e os seus contributos para o desempenho organizacional. O Six-Sigma é uma técnica empresarial que ajuda as indústrias a melhorar a eficiência industrial e a satisfação do cliente. Ajuda a diminuir os custos de funcionamento e aumenta os lucros. Mas a investigação empírica no domínio

do Six-Sigma é limitada. Não existe informação pormenorizada que mostre como o six-sigma conduz à melhoria do desempenho industrial. Mas, neste artigo, o autor sugere que a relação entre o Seis-Sigma e o desempenho pode ser desenvolvida através da integração dos processos de criação de conhecimento de qualquer organização, com a ajuda da literatura, sendo desenvolvido um modelo teórico. O estudo investiga a existência de uma ligação entre os processos de criação de conhecimento organizacional e o conhecimento que afecta positivamente o sucesso do projeto Seis Sigma.

4 Todos os tipos de organizações estão a tentar arduamente regular os preços, manter altos níveis de produtividade, satisfazer as expectativas em mudança dos clientes e atingir a qualidade do produto para se manterem no mercado neste contexto. Seis sigma tornar-se-á uma técnica de negócio de melhoria da qualidade de categoria mundial forte que permite às empresas utilizar estratégias estatísticas fáceis, mas poderosas, para delinear, medir, analisar, melhorar e controlar (DMAIC) processos para alcançar a excelência operacional. Ao ver os enormes ganhos financeiros colhidos através de programas seis sigma no sector de produção maciça, é urgentemente necessário aplicar estas técnicas Seis Sigma também em indústrias automóveis de pequena escala.Para que o sector automóvel seja globalmente competitivo, a excelência operacional é o mantra básico do sucesso. Devem acabar por se esforçar para agradar aos clientes em vez de os satisfazer, devem atualmente abandonar o slogan de satisfazer os clientes.

5)Anthony Alxendar et al trabalharam sobre o tema teoria da decisão na gestão sustentável da cadeia de abastecimento. O principal objetivo desta investigação é auxiliar a construção de teorias, a utilização de conceitos da teoria da decisão na gestão sustentável da cadeia de abastecimento. Uma abordagem considera dois conceitos da teoria da decisão, para fazer sentido. É utilizado o quadro Cynefin de Snowden. 60% dos artigos sobre a tomada de decisão em SSCM provêm da investigação operacional, que faz uso explícito da TD. Todos eles se centram em contextos de decisão estruturados.

6 Bin Han et al trabalharam sobre o tema de como a programação em linha da cadeia de abastecimento varia para um único cliente em configurações de uma única máquina e de máquinas paralelas.

Neste trabalho, ele investigou a minimização dos custos de entrega e do plano de produção. Neste estudo, foram estudados todos os trabalhos futuros nas mesmas máquinas individuais e paralelas e também o seu tempo de libertação, tempo de processamento e quantidade. O principal objetivo desta programação é o tempo e a quantidade. O principal objetivo desta programação é o tempo, que é o plano de fabrico, e o segundo objetivo é o custo de entrega, que depende e varia em função do número de lotes de fabrico dos produtos. A programação destes aspectos envolve muitos factores, como o momento de iniciar os trabalhos, a máquina utilizada para os trabalhos e o momento de fornecer os trabalhos ou produtos. Mas na programação correta destas coisas há muitos problemas que desviam o nosso plano. Estes problemas estão relacionados com a configuração das máquinas, a presunção de processamento dos trabalhos, o número de veículos, a capacidade dos veículos, etc. Utilizam algoritmos para resolver os problemas e efectuam simulações para os resolver, obtendo melhores resultados.

7 .)Brian W. Jacob's et al trabalharam sobre o tema dos efeitos no desempenho das adopções precoces e tardias do Seis-Sigma. Neste artigo, afirmam que, quando os gestores de operações devem aplicar a técnica Six-sigma, os gestores enfrentam o desafio de decidir quando aplicar esta técnica. Neste documento, os resultados indicam que a adoção precoce ou tardia da técnica Six-sigma proporciona um melhor desempenho. Recorrendo às teorias da aprendizagem organizacional e da transferência de conhecimentos, desenvolvem hipóteses que descrevem as vantagens da adoção tardia. Em média, os resultados empíricos mostram que as adopções tardias proporcionam um melhor desempenho do que as adopções precoces. Mas isto resulta de algumas condições específicas e de certas caraterísticas ambientais e da empresa. Nas indústrias de baixa velocidade, as adopções tardias são mais favoráveis do que as adopções antecipadas. São muitos os factores que determinam o momento de aplicar a adoção. A compreensão dos efeitos destes factores pode melhorar as capacidades dos gestores para encontrar o momento adequado de adoção para aumentar o desempenho.

.8.)ChiaJou Lin declarou queA recuperação de conhecimentos é uma parte decisiva do desempenho de um sistema de gestão de dados. Para aumentar a precisão da recuperação, é importante dispor de um mecanismo eficaz de análise do desempenho. Atualmente, não existe um quadro de análise normalizado para a avaliação da recuperação de dados, porque a configuração da análise continua a ser dependente da tecnologia, centrando-se em elementos específicos do contexto da investigação. Os processos de recuperação de dados não são julgados corretamente pela avaliação baseada em laboratório, uma vez que o conhecimento é dinâmico, está em constante mudança e evolução. Além disso, a consulta ambígua é também uma questão vital para o desempenho dos sistemas de recuperação de dados. A fim de melhorar o desempenho da recuperação de dados, este documento propõe um mecanismo de análise que utiliza a metodologia Six Sigma para facilitar o controlo contínuo do método de recuperação de dados pelos programadores. Especificamente, este estudo envolve as seguintes tarefas: (i) propõe um quadro de recuperação de conhecimentos apoiado nos resultados da análise da recuperação de conhecimentos, (ii) concebe o quadro de análise da recuperação de dados utilizando o método Definir-Medir-Analisar-Melhorar-Controlar (DMAIC) da metodologia Seis Sigma e (iii) desenvolve as tecnologias relacionadas para implementar o mecanismo de análise da recuperação de dados. No mecanismo de análise da recuperação de dados, este mecanismo permite que os criadores de sistemas mantenham o sistema de recuperação de conhecimentos com facilidade e, ao mesmo tempo, melhorem a exatidão dos dados.

9 .)Erin M.Mitchell trabalhou para melhorar a informação da cadeia de abastecimento. Partilhar utilizando o design para seis sigma. Para tomar decisões corretas, são necessários dados precisos e fiáveis para apoiar os processos de tomada de decisão. Em qualquer organização, há um grande número de participantes envolvidos nas operações da cadeia de abastecimento. Em qualquer indústria, é difícil partilhar eficazmente a informação na cadeia de abastecimento. Neste documento, o investigador trabalhou sobre as formas de melhorar a partilha de informações nas operações da cadeia de abastecimento. Nesta investigação, estabeleceu eficazmente a utilização do DFSS através de uma investigação-ação.

10 .) HikmetErbiyik está a trabalhar no tema da implementação do six-sigma na cadeia de abastecimento. As metodologias seis sigma ocupam um lugar importante na redução e

desenvolvimento das actividades que não têm um processo interior na cadeia de abastecimento das indústrias. O objetivo do six-sigma é definir qualquer problema, analisar, corrigir e melhorar as variáveis que afectam a qualidade do processo da cadeia de abastecimento, a fim de reduzir o número de defeitos e falhas. Neste documento, a distribuição normal do six-sigma é aplicada para definir e resolver os problemas que ocorrem na cadeia de abastecimento juntamente com os conhecimentos relevantes. Para os métodos estatísticos que são utilizados na análise da cadeia de abastecimento. Quando a metodologia seis-sigma é implementada numa indústria, o âmbito da implementação do ângulo estatístico tem de ser melhorado e dá resultados positivos. Quando a técnica seis-sigma é utilizada em qualquer indústria, todos os processos seguem caminhos corretos e dão bons resultados. Esta técnica é muito eficaz para melhorar a qualidade dos produtos em qualquer indústria.

11 .) James Roh et al trabalharam sobre o tema de como, no caso das indústrias transformadoras ou empresas, a implementação de uma cadeia de abastecimento reactiva em condições de produção globais. A partir das teorias de investigação e da literatura sobre a empresa, criaram um modelo que define as motivações, estratégias e práticas de uma cadeia de abastecimento e os resultados de desempenho. Neste documento, são encontradas as variáveis-chave que são importantes para a implementação bem sucedida de uma cadeia de abastecimento reactiva. Para uma implementação eficaz da cadeia de abastecimento reactiva, são necessárias estratégias em termos de gama de produtos, frequência, etc. Este documento diz-nos como os recursos inter-organizacionais em todo o mundo são necessários para melhorar as capacidades de produção pull. Neste documento, sugerem que os factores contextuais que influenciam a extensão da implementação da estratégia de uma cadeia de abastecimento reactiva são sobretudo a dimensão das indústrias, as caraterísticas das empresas e não a localização das empresas de produção.

12 .) Khaled MILI falou sobre o problema do encaminhamento em qualquer indústria. Há muitos problemas para transportar matérias-primas e produtos acabados de um sítio para outro. Para reduzir o tempo e o custo do trabalho e do transporte, aplica-se a abordagem de seis sigmas. Este tipo de problema é resolvido no contexto da otimização das operações de transporte. Para compensar este

problema, foram gerados e priorizados os planos críticos de transporte six-sigma, mas na prática os desafios são reais.

13 .) Lubica Simanova trabalhou sobre uma proposta específica de aplicação e implementação de seis sigma num processo selecionado de fabrico de mobiliário. Afirmou que as mudanças na gestão da qualidade são influenciadas pelas alterações da situação económica nos países desenvolvidos. Para melhorar a posição no mundo competitivo, todas as empresas necessitam de novas abordagens e métodos. Quando há pressão sobre a qualidade dos produtos e serviços, as empresas afastam-se dos métodos tradicionais de gestão da qualidade utilizando novas ideias, conceitos e métodos. O objetivo deste documento é melhorar a qualidade de todas as peças de fabrico. O nível de melhoria da qualidade dos produtos e serviços é considerado um atributo principal do reforço da competitividade das indústrias.

14 Morgan Swink avaliam os impactos operacionais da adoção de programas Seis Sigma através de uma metodologia de estudo de eventos, comparando informações financeiras de duzentas empresas que adoptaram o Seis Sigma com informações de empresas equivalentes, nas quais as equipas de gestão são utilizadas para analisar os dados. Utilizamos procedimentos de correspondência variados, usando misturas totalmente diferentes de retorno sobre os activos (ROA) pré-adoção, indústria e dimensão como critérios de correspondência. Ao comparar os resultados de desempenho numa hierarquia de métricas operacionais, estabelecemos um padrão de efeitos da adoção do Seis Sigma que fornece provas sólidas de um impacto positivo no ROA. É interessante notar que estas melhorias no ROA resultam, em grande parte, de reduções importantes nos preços indirectos; não são evidentes melhorias vitais nos custos diretos e na produtividade dos activos. Verificamos, conjuntamente, pequenas melhorias no crescimento das vendas devido à adoção do Seis Sigma. As análises transversais dos resultados de desempenho revelam que as distinções nos impactos do Seis Sigma nas empresas de produção e de serviços são insignificantes. É interessante notar que o impacto da adoção do Seis Sigma no desempenho está negativamente correlacionado com a maturidade do sistema de qualidade da empresa (indicada pela certificação ISO 9000 anterior). Uma análise mais aprofundada

das empresas produtoras e prestadoras de serviços revela que as vantagens do Seis Sigma estão significativamente correlacionadas com a intensidade da produção de qualquer produto a partir de matérias-primas e com o desempenho financeiro antes da adoção nos serviços. O estudo fornece um apoio sólido à hipótese de que a adoção do Seis Sigma tende a produzir vantagens anormais importantes para o lucro da empresa. Estas vantagens parecem ser persistentes em relação aos factores associados a um programa Seis Sigma "eficaz", incluindo a motivação, a adequação à cultura da indústria ou da empresa e a conformidade com a estrutura do programa.

15 .) Sherif A. Masoud trabalhou no domínio da otimização de custos em duas fases de transporte em qualquer indústria. Esta otimização é integrada. A eficiência da cadeia de abastecimento automóvel é importante para garantir a competitividade da indústria automóvel, que representa um dos sectores mais significativos da indústria transformadora. Neste artigo, os autores concebem um modelo de produção integrada e problemas relacionados com o planeamento dos transportes. Neste modelo, são tidas em conta todas as condições reais, tais como as configurações dependentes da sequência, a afetação de recursos auxiliares de pontes rolantes e os custos múltiplos. Na segunda fase, as peças acabadas são enviadas para os centros de distribuição com a ajuda de veículos capacitados, para cumprir os prazos de entrega predefinidos. Para resolver este tipo de problemas, os autores criaram um modelo de programação linear inteira mista e apresentaram um algoritmo híbrido de recozimento simulado que inclui uma heurística construtiva.

16 SriIndrawati et al trabalharam sobre o tema da melhoria contínua do fabrico através da utilização do método "lean six sigma" em qualquer indústria de minérios de ferro. Na indústria, a capacidade do processo de fabrico é o fator mais importante para a continuidade da atividade. Há muitos problemas que ocorrem no processo de fabrico e que causam a incapacidade de cumprir o objetivo de quantidade. Para melhorar a capacidade do processo de fabrico, esta investigação é efectuada utilizando o método dos seis sigmas. Para o efeito, começa-se por analisar os desperdícios utilizando o mapeamento das actividades do processo e, em seguida, avalia-se a capacidade do processo de fabrico. Para desenvolver o programa de melhoria contínua, utiliza-se a análise dos modos de falha e

dos efeitos. A pesquisa mostrou que o desempenho da qualidade estava no nível de 2,97 sigma. Com base nesta análise, o processamento inadequado e os defeitos dos produtos são tipos de problemas de fabrico que ocorrem frequentemente. Para ultrapassar este problema, foi desenvolvido um programa de melhoria contínua. Neste programa, foi redesenhado o coletor de pó, os procedimentos de pesagem e a operação normalizada. A instalação da fábrica de nitrogénio também está incluída neste tipo de programa.

17 .) Tariq Aldowaisan et al afirmaram que, no entanto, o desempenho do Six-sigma para processos não normais é variável. Entendemos que o Six-sigma pode ser uma das principais técnicas utilizadas para melhorar os processos de vários sectores de atividade. A taxa de insucesso prevista para os projectos Six-sigma é de 3,4 elementos por milhão ou dois elementos por mil milhões. Neste trabalho, mostram que quando qualquer método é exponencial, para atingir tais desempenhos pode ser necessária uma redução gigantesca da variação. Se os dados dos processos forem de distribuição não normal, então são necessários esforços mais precisos para melhorar o método. Neste trabalho também se estudam as distribuições Gamma e Weibull. A seleção dos projectos Seis-Sigma baseia-se nas soluções erradas. Neste artigo são desenvolvidos dois modelos de otimização para ilustrar os efeitos da subestimação do esforço de melhoria da qualidade sobre a solução óptima para o valor mínimo.

18 .) V Arumugam afirma que, no entanto, a influência dos objectivos desafiantes e da técnica estruturada no desempenho do projeto Seis-Sigma. Ao longo dos últimos anos ou décadas, o Seis-Sigma difundiu-se por um vasto leque de organizações em todo o mundo, o que foi alimentado pelas vantagens financeiras relatadas do Seis-Sigma. O desenvolvimento de uma compreensão mais profunda destes mecanismos ajuda a identificar as contingências e as principais condições que influenciam a execução de projectos Seis-Sigma. A conclusão da investigação é que os objectivos do projeto e a técnica Six-sigma se compensam mutuamente. Recomenda também que a adesão à técnica Seis-Sigma se torne mais útil para projectos que produzam muito conhecimento.

19 .) Wantao Yu et al trabalharam sobre o tema da gestão integrada da cadeia de abastecimento verde e do desempenho operacional. O principal objetivo deste documento é aumentar a análise anterior da

gestão da cadeia de abastecimento verde, testando, por tentativa e erro, um quadro concetual. Esta estrutura investiga as relações entre as múltiplas dimensões do desempenho operacional e as três dimensões da gestão integrada da cadeia de abastecimento verde. Para obter resultados, foram efectuados inquéritos e recolhidos conhecimentos de indústrias completamente diferentes. O estudo produz conclusões importantes sobre o desempenho operacional em termos de entrega, qualidade, flexibilidade e custo. É importante que os gestores das indústrias tenham em conta a presença de clientes e fornecedores quando implementam a sustentabilidade ambiental nas cadeias de abastecimento.

CAPÍTULO 3: CONCEPÇÃO DO ESTUDO

3.1 Necessidade de estudo

Basicamente, o Seis Sigma e a gestão da cadeia de abastecimento são técnicas de melhoria da qualidade e de redução de erros que são utilizadas por muitas pequenas e grandes indústrias na Índia e noutros países. Esta técnica é utilizada em todo o mundo por pequenas e grandes indústrias. Mas ainda há muitas indústrias que não conseguem satisfazer os clientes. Por isso, é necessário um estudo para descobrir o efeito do Seis Sigma e da gestão da cadeia de abastecimento nas indústrias transformadoras da NCR (região da capital nacional)

3.2 Objetivo

- Descobrir a ideia de Six sigma e SCM nas indústrias transformadoras.
- Analisar o efeito do Six sigma e da SCM no desempenho das indústrias transformadoras.

3.3 Âmbito de aplicação

The present research will be completed in NCR (New Delhi, Delhi, Gurgoan, Noida, Faridabad, Rohtak, Panipat, Jind& Ghaziabad)

3.4 Methodology

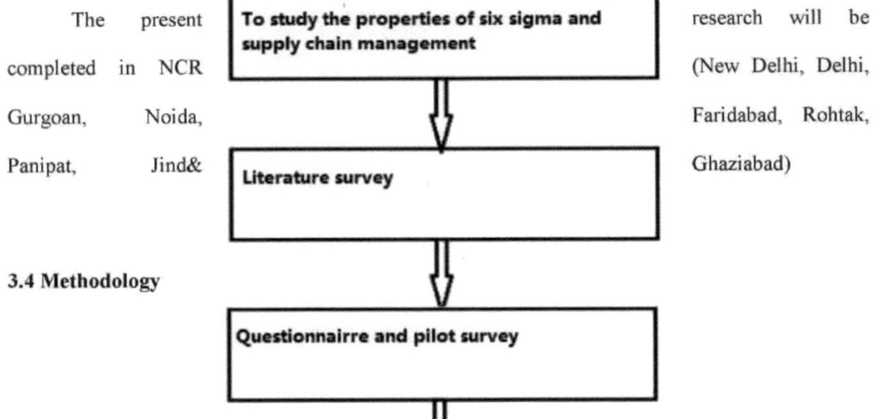

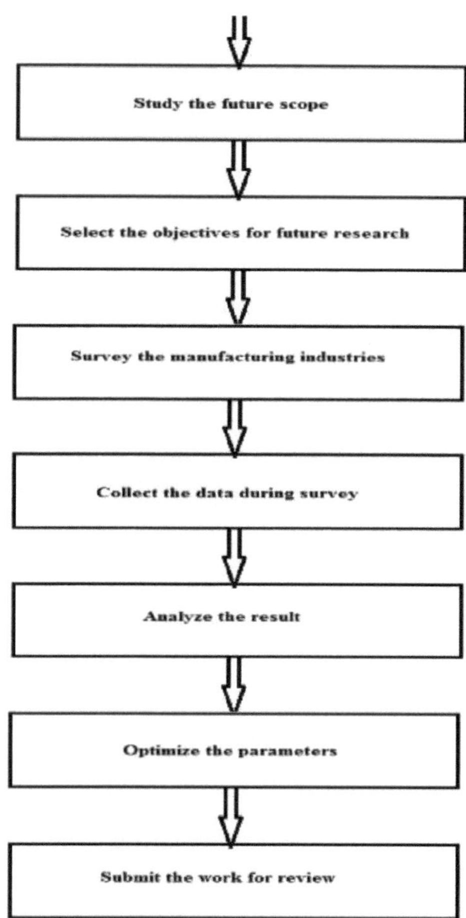
Study the future scope
Select the objectives for future research
Survey the manufacturing industries
Collect the data during survey
Analyze the result
Optimize the parameters
Submit the work for review

CAPÍTULO 4: ANÁLISE DOS DADOS

4.1 Introdução

O capítulo demonstra as conclusões inferidas a partir dos dados recolhidos no questionário construído, tal como discutido no capítulo anterior. Este capítulo aborda o objetivo desejado do estudo de investigação de uma forma analítica, com a aplicação adequada das ferramentas estatísticas e de análise. A análise dos dados recolhidos foi efectuada no software PASW STATISTICS 18. As ferramentas estatísticas utilizadas no capítulo foram, *tabela de distribuição de frequências, correlação de karlpearson, modelo de regressão múltipla.* A classificação do capítulo, com base na análise efectuada em função dos objectivos do estudo de investigação, foi a seguinte

4.2 Fiabilidade: *Análise da fiabilidade do questionário com base no alfa de Croanbach*

Nesta secção, mediu-se a consistência interna do questionário. O alfa de Croanbach é uma medida de consistência interna, ou seja, a proximidade entre um conjunto de itens e um grupo. Os índices alfa de Croanbach foram avaliados para o *questionário global.*

Quanto mais elevada for a pontuação, mais fiável é a escala criada. (Nunnaly, 1978) indicou 0,7 como sendo um coeficiente de fiabilidade aceitável, mas na literatura são por vezes utilizados limiares mais baixos. Neste caso, o valor do alfa de Croanbach para o questionário global é de 0,809, o que mostra que o questionário é altamente fiável.

Quadro 4.1 Alfa de Croanbach do questionário

	Alfa de Croanbach
Questionário	0.809

4.3 ANÁLISE DA RESPOSTA

Os inquiridos foram avaliados em relação a várias afirmações baseadas em diferentes parâmetros. Os dados foram recolhidos junto dos inquiridos numa escala de quatro pontos relativamente à implementação de várias questões, ou seja, *de modo algum, em certa medida, razoavelmente bem* e *em grande medida.* Os quadros seguintes apresentam a distribuição das respostas em percentagem obtidas dos inquiridos em todas as afirmações

Quadro 4.2 Análise de resposta de todos os parâmetros

S. Não	FACTORES	N.º de empresas Pontuação Pontos				Nº total de respostas (N)	Total de pontos marcados (TPS)**	Pontuação de pontos percentuais (PPS) $\frac{TPS}{4*N}100$
		A	B	C	D			
		1	2	3	4			
1	Q1	5	9	16	25	55	171	77.72727
'2	Q2	4	10	21	20	55	167	75.90909
3	Q3	9	11	16	19	55	155	70.45455
4	Q4	2	13	26	14	55	162	73.63636
5	Q5	3	9	27	16	55	166	75.45455
6	Q6	9	7	24	15	55	155	70.45455
7	Q7	8	5	18	24	55	168	76.36364
8	Q8	7	11	20	17	55	157	71.36364
9	Q9	1	11	29	14	55	166	75.45455
10	Q10	3	12	16	24	55	171	77.72727
11	Q11	2	10	16	27	55	178	80.90909
12	Q12	6	11	19	19	55	161	73.18182
13	Q13	2	13	20	20	55	168	76.36364
14	Q14	5	7	19	24	55	172	78.18182
15	Q15	8	8	16	23	55	164	74.54545
16	Q16	1	11	21	22	55	174	79.09091
17	Q17	9	11	18	17	55	153	69.54545
18	Q18	4	9	18	24	55	172	78.18182
19	Q19	7	12	15	21	55	160	72.72727

20	Q20	3	11	20	21	55	169	76.81818
21	Q21	6	9	27	13	55	157	71.36364
22	Q22	4	8	24	19	55	168	76.36364
23	Q23	9	4	16	26	55	169	76.81818
24	Q24	5	10	25	15	55	160	72.72727
25	Q25	7	6	27	15	55	160	72.72727
26	Q26	3	9	16	27	55	177	80.45455
27	Q27	1	11	29	14	55	166	75.45455
28	Q28	8	5	16	26	55	170	77.27273
29	Q29	2	11	26	16	55	166	75.45455
30	Q30	9	6	17	23	55	164	74.54545
31	Q31	6	9	18	22	55	166	75.45455
32	Q32	11	7	16	21	55	157	71.36364
33	Q33	9	9	21	16	55	154	70
34	Q34	10	6	20	19	55	158	71.81818
35	Q35	5	10	20	20	55	165	75
36	Q36	7	8	22	18	55	161	73.18182
37	Q37	2	10	26	17	55	168	76.36364
38	Q38	1	9	20	25	55	179	81.36364
39	Q39	8	13	17	17	55	153	69.54545
40	Q40	3	15	18	19	55	163	74.09091
41	Q41	6	10	20	19	55	162	73.63636
42	Q42	5	13	24	13	55	155	70.45455
43	Q43	9	8	21	17	55	156	70.90909
44	Q44	8	11	18	18	55	156	70.90909
45	Q45	7	6	22	20	55	165	75

46	Q46	11	6	15	23	55	160	72.72727
** **(Total de pontos pontuados "TPS" = A x 1 + B x 2 + C x 3 + D x 4)**								

A análise do quadro anterior permitiu verificar que 42,27% das organizações promovem a aplicação do Seis Sigma numa medida razoável e 25,45% numa medida importante. Foi analisado que em 32,72% das organizações os empregados trabalham de forma mais cooperativa como resultado do Seis Sigma numa medida razoável, enquanto que em 43,63% numa medida importante e 29,09% e 49,09% dos inquiridos referiram que as expectativas do Seis Sigma foram comunicadas de forma eficaz, quer em termos de razoavelmente bem, quer em termos de muito bem, respetivamente.

Numa análise mais aprofundada, verificou-se que o valor acrescentado do Seis Sigma para os clientes é referido de forma razoável em 29,09% das organizações e de forma significativa em 41,81%. A iniciação ao Seis Sigma por parte dos principais fornecedores é referida em grau razoável por 49,09% e em grau elevado por 23,63%. Em contrapartida, a focalização na obtenção de resultados positivos é referida em grau razoável por 52,72% e em grau elevado por 25,45%.

Além disso, a concentração na obtenção de resultados positivos é referida em grau razoável por 45,45% e em grau elevado por 27,27%. A importância da compreensão mútua para a obtenção de resultados positivos é relatada por 38,18% em grau razoável e por 29,09% em grau elevado. O enquadramento do Seis Sigma na estratégia da organização é referido por 36,36% em grau razoável e por 45,45% em grau elevado. Do mesmo modo, a atribuição de poderes aos trabalhadores para a tomada de decisões relativas a projectos é referida por 36,36% em grau razoável e por 34,54% em grau elevado. Contrariamente a estes, a rendibilidade é referida por 27,27% e 41,81% em grau razoável e em grau elevado, respetivamente.

4.4 *Análise de correlação*

A análise de correlação foi realizada nesta secção, com o objetivo de identificar a relação entre cada afirmação no âmbito dos parâmetros de entrada e de saída. Além disso, a direção da perceção foi medida utilizando a correlação, avaliando as afirmações, uma vez que todas foram medidas na mesma escala. O processo de correlação foi a Correlação de Karl Pearson com um nível de significância de

0,05.

Quadro 4.3 Matriz de correlação de Karl Pearson dos factores de entrada com os factores de saída

	O1	O2
I1	.453	.448
I2	.505	.471
I3	.451	.354
I4	.511	.526
I5	.422	.508
I6	.377	.358
I7	.554	.482
I8	.655	.521
I9	.584	.508
I10	.507	.413
Doe	.432	.475
I12	.500	.527
I13	.554	.556
I14	.468	.472
I15	.553	.552
I16	.496	.553
I17	.564	.531
I18	.612	.590
I19	.581	.606
I20	.596	.555
I21	.575	.482
I22	.596	.555

O objetivo da matriz de correlação acima referida era estabelecer a relação e a sua direção entre os parâmetros de seis sigma e a GCS nas organizações. A hipótese também foi enquadrada para a significância da relação entre os parâmetros a níveis de significância de 0,05.

H01: Não existe relação entre o crescimento e os parâmetros de entrada

A análise da matriz de correlação acima referida mostrou que a hipótese nula acima assumida não era aceitável, uma vez que as correlações obtidas entre o crescimento e os parâmetros de entrada eram significativas e estavam a ser afectadas na organização de uma forma positiva.

Concluiu-se que a correlação do crescimento com os parâmetros *I8*(r = 0,655*), *I9*(r = 0,584*), *I17*(r = 0,564*), *I18*(r = 0,612*), *I19*(r = 0,581*), *I20*(r = 0,596*), *I21*(r = 0,575*) e *I22*(r = 0,596*) era significativamente positiva.

H02: Não existe relação entre a qualidade e os parâmetros de entrada

A análise da matriz de correlação acima referida mostrou que a hipótese nula assumida não era aceitável, uma vez que as correlações obtidas entre a qualidade e os parâmetros de entrada eram significativas e estavam a ser afectadas na organização de forma positiva.

Concluiu-se que a correlação da qualidade com os parâmetros *I13* (r = 0,556*), *I15* (r = 0,552*), *I16* (r = 0,553*), *I18* (r = 0,590*), I19 (r = 0,606*), I20 (r = 0,555*) e I20 (r = 0,555*) era significativamente positiva.

4.5 Análise de regressão

O modelo de regressão linear múltipla foi aplicado nesta secção para desenvolver o modelo matemático entre a variável dependente, como todos os processos de produção, e a variável independente, como todos os parâmetros das competências de produção e do sucesso estratégico. O modelo matemático desenvolvido era único para todos os processos de produção. A análise ANOVA foi também efectuada para determinar a significância do modelo de regressão e a significância dos parâmetros independentes foi identificada com o teste t para os coeficientes de regressão.

4.5.1 Crescimento

Tabela 4.4 Análise de regressão

(a)

Resumo do modelo				
Modelo	R	R Quadrado	Ajustado R Quadrado	Erro Std. da Estimativa
1	.692	.531	.494	.482
Preditores: (Constante), I1 TO I22				

(b)

ANOVA				
Modelo	Soma de quadrados	Df	Quadrado médio	F
Regressão	65.241	32	2.038	10.541
Residual	7.245	18	.402	
Total	72.486	50		
Preditores: (Constante), I1 TO I22				
Variável dependente: Crescimento				

(c)

	Coeficientes não padronizados		Normalizado Coeficientes	t
	B	Erro Std.	Beta	
(Constante)	1.052041	0.243689		4.530769
I1	0.033673	0.033981	0.147706	1.050549
I2	0.05	0.03301	0.287156	0.124176
I3	-0.01633	0.024272	-0.0945	0.703297
I4	0.027551	0.048544	0.110092	2.795604

I5	-0.05714	0.039806	-0.24771	2.624176
I6	-0.01122	0.03301	-0.04862	.998901
I7	0.12551	0.028155	0.497248	4.696703
I8	-0.08265	0.023301	-0.46789	.752747
I9	0.039796	0.032039	0.255046	1.284615
I10	0.058163	0.045631	0.17156	0.326374
I11	0.015306	0.025243	0.087156	0.645055
I12	0.07551	0.03301	0.269725	0.4
I13	-0.05102	0.032039	-0.23945	.194505
I14	0.082653	0.023301	0.390826	3.645055
I15	0.061224	0.047573	0.199083	1.351648
I16	-0.10306	0.038835	-0.35872	.77033
I17	-0.03163	0.03301	-0.11193	0.107692
I18	0.003061	0.027184	0.009174	0.104396
I19	-0.03265	0.02233	-0.15046	1.508791
I20	0.097959	0.032039	0.511927	.21978
I21	-0.09286	0.04466	-0.22202	0.149451
I22	0.115306	0.024272	0.52844	5.008791

Seguem-se os resultados da regressão para a variável dependente *Crescimento* e todos os restantes parâmetros de entrada como variável independente. O modelo de regressão desenvolvido foi significativo, uma vez que a análise ANOVA mostrou um teste $F = 13,27$, $p < 0,05$. Para além disso, o modelo de regressão do *crescimento* foi explicado em 56,7% das variâncias pelos seus preditores. Os factores de previsão identificados a partir da análise foram a melhoria da produção, a gestão de ferramentas, equipamento e materiais, o respeito dos trabalhadores pelo Seis Sigma e pelo SCM, a escuta dos trabalhadores por parte da gestão, a compreensão mútua que conduz a resultados positivos, o trabalho eficiente que ajuda a alcançar resultados positivos, a motivação e o apoio da gestão de topo e do chefe de equipa que afectam o desempenho.

4.5.2 Qualidade

Tabela 4.5 Análise de regressão

(a)

Resumo do modelo				
Modelo	R	R Quadrado	R ajustado Quadrado	Erro Std. da Estimativa
1	.722	.625	.591	.507
Preditores: (Constante), I1 TO I22				

(b)

ANOVA				
Modelo	Soma de quadrados	Df	Quadrado médio	F
Regressão	56.368	32	1.761	9.871
Residual	11.324	18	.629	
Total	67.692	50		
Preditores: (Constante), I1 TO I22				
Variável dependente: Qualidade				

(c)

	Coeficientes não padronizados		Normalizado Coeficientes	
	B	Erro Std.	Beta	T
(Constante)	1.073511	0.236591		4.978867
I1	0.03436	0.032991	0.13551	.154449
I2	0.05102	0.032049	0.263446	2.334259
I3	-0.01666	0.023565	-0.0867	0.772854
I4	0.028113	0.04713	0.101002	3.072092
I5	-0.05831	0.038647	-0.22726	.88371

I6	-0.01145	0.032049	-0.04461	.196595
I7	0.128071	0.027335	0.456191	5.161212
I8	-0.08434	0.022622	-0.42926	4.123898
I9	0.040608	0.031106	0.233987	.411665
I10	0.05935	0.044302	0.157394	.457554
I11	0.015618	0.024508	0.07996	0.708852
I12	0.077051	0.032049	0.247454	.637363
I13	-0.05206	0.031106	-0.21968	2.411544
I14	0.08434	0.022622	0.358556	.005555
I15	0.062473	0.046187	0.182645	1.485327
I16	-0.10516	0.037704	-0.3291	0.044319
I17	-0.03228	0.032049	-0.10269	0.316145
I18	0.003123	0.026392	0.008417	0.114721
I19	-0.03332	0.02168	-0.13804	1.658012
I20	0.099958	0.031106	0.469658	.53822
I21	-0.09476	0.043359	-0.20369	.362034
I22	0.117659	0.023565	0.484807	5.504166

Seguem-se os resultados da regressão para a variável dependente *Qualidade* e todos os restantes parâmetros de entrada como variável independente. O modelo de regressão desenvolvido foi significativo, uma vez que a análise ANOVA mostrou um teste $F = 15,17$, $p < 0,05$.

Além disso, o modelo de regressão da *qualidade foi* explicado em 61,0% das variâncias pelos seus factores de previsão. Os factores de previsão identificados a partir da análise - seis sigma e SCM na organização, promoção de seis sigma e SCM na organização, seis sigma deu um contributo notável, empregados a trabalhar de forma mais cooperativa, melhoria da qualidade do produto, trabalho eficiente ajuda a obter resultados positivos, motivação e apoio da gestão de topo e do chefe de equipa afectam o desempenho.

CAPÍTULO 5: CONCLUSÃO

5.1 Conclusão

5.1.1 Pontuação de pontos percentuais (PPS)

A análise da pontuação em pontos percentuais conclui que vários factores têm uma boa resposta. Os resultados são os seguintes

1. O Q1 tem um PPS de 77,72727. O Q2 tem um PPS de 75,90909. Q3 tem um valor de PPS de 70,45455. Da mesma forma, Q4 tem um PPS de 73,63636. O Q5 tem um PPS de 75,45455. Como referido acima, a Q6 tem um PPC de 70,45455, a Q7 tem um PPC de 76,36364 e a Q8 tem um PPC de 71,36364.

2. A partir do quadro 4.2, a Q9 tem um PPC de 75,45455. O Q10 tem um PPC de 77,72727. Do mesmo modo, o Q11 tem um PPC de 80,90909. Q12 tem um PPC de 73,18182. Q13 tem um PPC de 76,36364. Do mesmo modo, Q14 tem um PPC de 78,18182. Além disso, Q15 tem um PPC de 74,54545 e Q16 tem 79,09091. Q17 tem um PPC de 69,54545 e Q18 tem um PPC de 78,18182.

3. Mais uma vez, a Q19 tem um PPC de 72,072727. A Q20 tem um PPC de 76,81818 e a Q21 tem um PPC de 71,36364. Além disso, a Q22 tem um PPC de 76,36364 . Do mesmo modo, Q23 tem um PPC de 76,81818 e tanto Q24 como Q25 têm o mesmo valor de PPC de 72,72727. A Q26 tem um PPS de 80,45455, que é o maior dos valores acima referidos. A Q27 tem um PPS de 75,45455

4. A Q28 tem um PPC de 77,27273 e a Q29 tem um PPC de 75,45455. Ainda com base no quadro 4.2, a Q30 tem um PPC de 74,54545. A Q31 tem um PPC de 75,45455. Além disso, a Q32 tem um PPC de 71,36364 e a Q33 tem 70. A Q34 tem um PPC de 71,81818 e a Q35 tem um PPC de 75.

5. Mais uma vez, a partir do quadro 4.2, a Q36 tem um PPC de 73,18182. A Q37 tem um valor de PPC de 76,36364 e a Q38 tem 81,36364. A Q39 tem um valor de 69,54545 e a Q40 tem um PPC de 74,09091. Além disso, a Q41 tem um valor de 73,63634 e a Q42 tem 70,45455. A Q43 tem um PPC de 70,90909 e a Q44 tem um PPC de 70,90909. A Q45 tem um PPC de 75 e a última Q46 tem um PPC de 72,72727.

5.1.2 Resultados da análise de correlação

1. Concluiu-se que a correlação do desempenho da organização (qualidade, custo, produtividade, entrega, satisfação do cliente, vendas, crescimento, rendibilidade com os parâmetros i.ou seja, *I8*(r = 0,655*), *I9*(r = 0,584*), *I17*(r = 0,564*), *I18*(r = 0,612*), *I19*(r = 0,581*), *I20*(r = 0,596*), *I21*(r = 0,575*) e *I22*(r = 0,596*) foi significativamente positiva.

2. Concluiu-se que a correlação da qualidade com os parâmetros *I13* (r = 0,556*), *I15* (r = 0,552*), *I16* (r = 0,553*), *I18* (r = 0,590*), I19 (r = 0,606*), I20 (r = 0,555*) e I20 (r = 0,555*) era significativamente positiva.

5.1.3 Resultados da análise de regressão

1. O modelo de regressão desenvolvido foi significativo, uma vez que a análise ANOVA mostrou F - teste = 13,27, $p < 0,05$. Para além disso, o modelo de regressão do *crescimento (O1)* foi explicado em 56,7% das variâncias pelos seus preditores

2. O modelo de regressão desenvolvido foi significativo, uma vez que a análise ANOVA mostrou um teste F = 15,17, $p < 0,05$.

Além disso, o modelo de regressão da *qualidade (O2)* foi explicado em 61,0% das variâncias pelos seus preditores.

5.2 Debate sobre o Six Sigma

Quando utilizamos a técnica Seis Sigma, os factores de benefícios da organização (melhoria da produção, redução de custos, minimização de riscos, segurança dos trabalhadores, entrega ou serviço) tiveram um efeito positivo.

O seu desempenho global melhorou. Depois de obter dados de várias indústrias, verificou-se que o desperdício e o retrabalho dos trabalhadores e das máquinas são menores nas empresas e indústrias que implementaram a técnica Seis Sigma do que naquelas em que esta não está implementada. Nas indústrias em que a técnica Seis Sigma é utilizada ou implementada, há mais segurança para os trabalhadores durante o trabalho nas instalações. Os riscos globais foram reduzidos. A técnica Seis Sigma é amiga do ambiente. Esta técnica desempenha um papel importante na limpeza do ambiente, o que também proporciona melhores condições para os trabalhadores, aumentando o seu desempenho e melhorando a qualidade.

5.3 Discussão sobre SCM

O impacto da SCM foi observado em vários factores, como o desempenho da organização (qualidade, custo, produtividade, entrega, satisfação do cliente, vendas, crescimento, rentabilidade), através de uma análise crítica das indústrias que aplicam a SCM e das que têm uma cultura indiana. Os trabalhadores ficam impressionados com este tipo de técnicas, uma vez que estas lhes proporcionam uma orientação adequada para a realização de um trabalho correto, o que melhora o desempenho. O desempenho global é calculado no capítulo 4th . Ao analisar o inquérito, procedeu-se à análise crítica das indústrias.

5.4 Efeito combinado de Six sigma e SCM

A segurança é o principal fator que deve ser considerado em qualquer indústria ou empresa. . A segurança é considerada como 6S quando implementamos a metodologia seis sigma ou SCM. Os programas de formação são realizados em qualquer indústria que não só ensine os níveis básicos, mas também os níveis avançados de seis sigma e SCM. Concluiu-se também que a formação é utilizada para descobrir quais os conteúdos que são úteis para a eficácia dos custos, a difusão de seis sigma e SCM tem um bom impacto na produção da empresa. Isto aumenta o desempenho da indústria.

5.5 Limitações da investigaçãozz

1. A investigação é feita apenas em pequenas e médias empresas, o que afecta a pontuação percentual.

2. A investigação é efectuada apenas nas indústrias da região do Estado do Punjab. Os resultados são baseados no estado.

3. Algumas indústrias implementaram parcialmente as técnicas de produção optimizada devido às

condições financeiras.

5.6 Âmbito futuro

1. Todos os sectores, ou seja, as indústrias de grande dimensão, podem ser abrangidos pela investigação.

2. A investigação pode ser efectuada em indústrias regionais baseadas no país.

3. As técnicas Six sigma e SCM podem ser implementadas com a combinação da cultura indiana presente nas indústrias, de modo a que os trabalhadores indianos possam compreender facilmente estas técnicas estrangeiras.

REFRÊNCIAS

- Alexandra Tenera , Luis Carneiro Pinto, "Um modelo de melhoria da gestão de projectos Lean Six Sigma (LSS)" , *Procedia - Social and Behavioral Sciences* ,119 (2014), pp: 912 - 920.
- Ali Erdogan, Hacer Canatan, "Pesquisa de literatura que consiste nas áreas de utilização do Seis Sigma" , *Procedia - Social and Behavioral Sciences,* 195 (2015), pp: 695 - 704.
- Amit Kumar Singh e Dinesh Khanduja," Defining Quality Management in Auto Setor: A six-sigma perception", *International Conference in advances in manufacturing and materials engineering, AMME 2014, Procedia Materials Science,* 5 (2014),pp: 2645-2653.
- Ang Boon Sin , Suhaiza Zailani , Mohammad Iranmanesh , T.Ramayah," Structural equation modelling on knowledge creation in Six Sigma DMAIC project and its impact on organizational performance" , *International journal Production Economics,* 168(2015), pp:105-117.
- Bin Han, Wenjun Zhang, Xiwen Lu, Yingzi Lin," On-line supply chain scheduling for singlemachine and parallel-machine configurations with a single customer :Minimizing the make span and delivery cost" , *European Journal of Operational Research*, 244 (2015) , pp:704-714.
- Brian WJacobs, Morgan Swink, Kevin Linder man, "Performance effects of early and late Six Sigma adoptions" , *Journal of Operations Management,* 36(2015), pp:244-257.
- Chia Jou Lina, F. Frank Chen, Hung-da Wan, Yuh Min Chen, Glenn Kuriger," Continuous improvement of knowledge management systems using Six Sigma methodology", *Robotics and Computer-Integrated Manufacturing*, 29 (2013) ,pp:95-103.
- Erin M. Mitchell, Jamison V. Kovach , "Improving supply chain information sharing using Design for SixSigma" , *Investigaciones Europeas de Dirección y Economia de la Empresa*, xxx (2015), pp: xxx-xxx.
- James Roh , PaulHong , HokeyMin," Implementation of a responsive supply chain strategy in global complexity :The case of manufacturing firms ," *International Journal Production Economics,* 147(2014), pp:198-210.

- J. Chen e A. Paulraj," Understanding supply chain management: critical research and a theoretical framework" , *international journal production research,* 2004, vol. 42, pp: 131163.
- Hikmet Erbiyik, Muhsine Saru ," Six Sigma Implementations in Supply Chain: An Application for an Automotive Subsidiary Industry in Bursa in Turkey" , *Procedia - Social and Behavioral Sciences* ,195 (2015), pp: 2556 - 2565.
- Khaled Mili, "Six Sigma Approach for the Straddle Carrier Routing Problem" , *Procedia - Social and Behavioral Sciences,* 111 (2014), pp: 1195 - 1205.
- Lubica Simanova ," Specific Proposal of the Application and Implementation Six Sigma in Selected Processes of the Manufacturing" , *Procedia Economics and Finance*, 34 (2015), pp: 268 - 275.
- Morgan Swinka e Brian W. Jacobs. Six Sigma adoption," Operating performance impacts and contextual drivers of success", *Journal of Operations Management,* 30 (2012) , pp:437- 453.
- Singh, CD; and Khamba, JS (2014), "Analysis of Manufacturing Competency for an Automobile Manufacturing Unit", *International Journal of Engineering, Business and Enterprise Applications*, Vol. 9, Issue 1, June-August 2014, pp: 44-51.
- Singh, CD; e Khamba, JS (2014), "Analysis of Strategic Success for an Automobile Manufacturing Unit", *International Journal of Engineering, Business and Enterprise Applications*, Vol. 9, Issue 2, June-August 2014, pp: 104-111.
- Singh, CD; e Khamba, JS (2014), "Evaluation of Manufacturing Competency factors on performance of an Automobile Manufacturing Unit", *International Journal for MultiDisciplinary Engineering and Business Management*, Volume-2, Issue-2, June-2014, pp: 4-16.
- Singh, CD; and Khamba, JS (2014), "Evaluation of Strategic Success factors on performance of an Automobile Manufacturing Unit", *International Journal of Engineering Research& Management Technology*, Volume-1, Issue-4, July-2014, pp: 144-157.

- Singh, CD; Khamba, JS; Singh S, e Singh N (2014), "Exploring Manufacturing Competencies of a Trator Manufacturing Unit", *International Journal of Applied Studies*, Volume: 1, Issue: 1, Jan 2014, pp: 53-62.
- Singh, CD; Singh, P; e Khamba, JS (2014), "To study the role of manufacturing competency in the performance of Preet Trator Manufacturing Unit", *International Journal for MultiDisciplinary Engineering and Business Management*, Volume-2, Issue-2, June-2014, pp: 4-7
- Singh, CD; Singh, P; e Khamba, JS (2014), "To study the role of manufacturing competency in the performance of SonalikaTractor Manufacturing Unit", *International Journal of Engineering, Business and Enterprise Applications*, Vol. 8, Issue 1, March-May., 2014, pp. 6266
- Singh, CD; e Khamba, JS (2015), "Competency Strategy Model Analysis using SEM", *International Journal for Multi-Disciplinary Engineering and Business Management*, Volume- 3, Issue-3, July2015, pp: 37-41.
- Singh, CD; and Khamba, JS (2015), "AHP Analysis of Manufacturing Competency and Strategic Success Factors", *International Journal in Applied Studies and Production Management*, Volume-1, Issue-2, May-August 2015, pp: 357-373.
- Singh, CD; e Khamba, JS (2015), "Manufacturing Competency & Economic Effects: A Review", *Journal of Emerging Trends in Engineering, Science and Technology*, Vol. 3, No. 2, setembro de 2015, pp: 16-20
- Singh, CD; e Khamba, JS (2015), "Competência Tecnológica e Gestão Estratégica: A Review", *Journal of Emerging Trends in Engineering, Science and Technology*, Vol. 3, No. 2, September 2015, pp: 21-26
- Singh, CD; e Khamba, JS (2015), "Competency Development through Strategic Management", *International Journal for Multi-Disciplinary Engineering and Business Management*, Volume-3, Issue-3, setembro de 2015, pp: 129-132.
- Singh, CD; e Khamba, JS (2015), "A Case Study of a Two Wheeler Manufacturing Unit on

Manufacturing Competency & Strategic Success", *International Journal of Engineering Research in Africa (Trans Tech Publications)*, Vol. 19, October 2015, pp: 138-155.

- Singh, CD; e Khamba, JS (2015), "Structural Equation Modelling for Manufacturing Competency and Strategic Success Factors", *International Journal of Engineering Research in Africa (Trans Tech Publications)*, Vol. 19, outubro de 2015, pp: 156-170.
- Singh, CD; e Khamba, JS (2015), "Effect of Manufacturing Competency on Strategic Success: A Case Study in an Agricultural Manufacturing Unit", *International Journal of Physical and Social Sciences*, Vol. 5, Issue 10, October 2015, pp: 544-571
- Singh, CD; e Khamba, JS (2015), "Role of Manufacturing Competency in Strategic Success of a Commercial Vehicle Manufacturing Unit: A CaseStudy", *International Journal of Management, IT & Engineering*, Vol. 5, Issue 10, October 2015, pp: 24-41
- Singh, CD; Khamba, JS e Kaur H (2015), "Exploring Manufacturing Competency and Strategic Success: A Review", *2nd International Conference on Production & Industrial Engineering 2015proceedings*,13 (3) (2015), pp: 1655-1658.
- Singh, CD; Khamba, JS; Singh, R e Singh, N (2014), "Exploring Manufacturing Competencies of a Two Wheeler Manufacturing Unit", *27ª Conferência Internacional sobre CAD/CAM, Robótica e Fábricas do Futuro 2014 IOP Publishing IOP Conf. Series: Ciência e Engenharia de Materiais*, 65 (2014), pp: 1-9.
- Singh H ,Khamba, JS; Singh, CD (2013), "Exploring Manufacturing Competencies of Car Manufacturing Unit", *Conferência Internacional sobre Avanços e Tendências Futuristas em Engenharia Mecânica e de Materiais*, (3-6 de outubro de 2013), pp: 88-97.
- Sherif A. Masoud , Scott J. Mason ," Integrated cost optimization in a two-stage,automotive supply chain",*Computers &Operations Research,* 67(2016), pp:1-11.
- Sri Indrawati, Muhammad Ridwansyah ," Manufacturing Continuous Improvement Using Lean Six Sigma: An Iron Ores Industry Case Application" , *Procedia Manufacturing* ,4 (2015), pp:528 -

534.

- Tariq Aldowaisana, Mustapha Nourelfathb, Jawad Hassan," Six Sigma performance for nonnormal processes", *European Journal of Operational Research*, 247 (2015), pp: 968-977.

- V. Arumugam , Jiju Antony , Kevin Linderman ," The influence of challenging goals and structured method on Six Sigma project performance: A me diate d moderation analysis" , *European Journal of Operational Research*, 0 0 0 (2016), pp: 1-12.

- Wantao Yu, Roberto Chavez, Mengying Feng, Frank Wiengarten," Integrated green supply chain management and operational performance", *Supply Chain Management: An International Journal*, Volume 19 , 2014, pp: 683-696

MIX
Papier aus verantwortungsvollen Quellen
Paper from responsible sources
FSC® C105338

Printed by Books on Demand GmbH, Norderstedt / Germany